TABLEAUX

DE CONVERSION,

EN MESURES MÉTRIQUES,

DES ANCIENS POIDS ET MESURES

DU

DÉPARTEMENT DE L'AVEYRON,

RÉDIGÉS

Par MM. RECOULES, *directeur de l'École Normale primaire*, D'ESTOCQUOIS et ROUQUAYROL, *professeurs de mathématiques au Collége royal de Rodez, commissaires nommés par M. le Préfet*;

ET PRÉCÉDÉS

D'un Rapport de M. ROUQUAYROL à M. le PRÉFET sur la rédaction de ces Tableaux.

Rodez,

IMPRIMERIE DE N. RATERY, PLACE DU BOURG.

1841.

TABLEAUX

DE CONVERSION

EN MESURES MÉTRIQUES,

DES ANCIENS POIDS ET MESURES

DU

DÉPARTEMENT DE L'AVEYRON,

dressés

Par MM. RECOULES, directeur de l'École Normale primaire, D'ESTOCQUOIS et ROUQUAYROL, professeurs de mathématiques au Collège royal de Rodez, commissaires nommés par M. le Préfet;

ET PRÉCÉDÉS

D'un Rapport de M. ROUQUAYROL à M. le PRÉFET sur la rédaction de ces Tableaux.

Rodez,

IMPRIMERIE DE N. RATERY, PLACE DU BOURG.

1841

TABLEAUX

DE CONVERSION,

EN MESURES MÉTRIQUES,

DES ANCIENS POIDS ET MESURES

DU

DÉPARTEMENT DE L'AVEYRON,

RÉDIGÉS

M. RECOULES, *directeur de l'École Normale primaire*, et MM. D'ESTOCQUOIS et ROUQUAYROL, *professeurs de mathématiques au Collége royal de Rodez, commissaires nommés par M. le Préfet.*

Rodez,

IMPRIMERIE DE N. RATERY, PLACE DU BOURG.

1841.

RAPPORT A M. LE PRÉFET.

Monsieur le Préfet,

La Commission que vous avez instituée à l'effet de dresser les Tables de conversion, en mesures métriques, des poids et mesures usités anciennement dans le département de l'Aveyron, a pensé qu'en vous offrant son travail elle devait vous rendre compte du mode d'exécution qu'elle a suivi. Ces chiffres sont destinés à un long avenir : empreintes indélébiles des mesures anciennes, ils en conserveront le souvenir, à peu près comme ces figures d'animaux gravées sur les pierres révèlent au naturaliste un ordre de choses qui n'est plus : de sorte que ces Tableaux, uniques dépositaires d'un passé proscrit et effacé, devront dès ce jour faire foi en justice dans l'interprétation des actes antérieurs à l'année 1840, à moins que les parties n'élèvent sur l'exactitude d'un des chiffres un incident qu'il deviendra de plus en plus difficile de vider. Il importe donc qu'avant de les approuver et afin de les offrir en toute confiance pour guide aux tribunaux, vous puisiez, dans l'exposé de la méthode suivie par leurs auteurs, la conviction intime qu'aucun soin n'a été négligé dans leur rédaction et qu'ils offrent toutes les garanties désirables dans une matière si délicate et si épineuse.

Le travail que vous nous demandiez n'était pas nouveau : depuis un demi-siècle il avait été plusieurs fois abordé. Déjà, en 1793, à une époque où l'on s'occupait encore de la détermination du mètre, la Convention nationale, avec cette impatience qu'elle apportait dans tous ses projets, l'avait entrepris sur l'étendue de la France entière. Les municipalités du Royaume reçurent ordre d'envoyer à Paris leurs étalons pour y être comparés et évalués par une commission prise au sein de l'Académie des sciences. Cette œuvre était gigantesque : elle résista à l'énergie même des moyens révolutionnaires : force fut de renoncer à cette unité d'action qui était dans les goûts du jour et de fractionner le travail en autant de parties qu'il y avait de départemens. Une commission instituée auprès de chaque directoire exécutif, dut rédiger et envoyer à Paris, dans l'espace de deux mois, le tableau de conversion, en mesures métriques, des poids et mesures anciennement en usage dans le département.

Telle est l'origine des Tables de l'an VI dont celles de l'an X ne sont, à quelques corrections près, qu'une seconde édition. Enfin la publication de ces Tables ne satisfit pas encore le gouvernement qui, en l'an XI, reprit ce travail en sous-œuvre. On trouve aux archives de la préfecture une immense quantité de tableaux, à colonnes imprimées, sur lesquelles chaque municipalité dut coucher certains renseignemes concernant les mesures dont elle faisait usage. Il ne paraît pas toutefois que l'on ait donné suite à ce complément du travail de conversion; et l'affaire en est restée au point où l'avait conduite M. Tédénat, le principal auteur des Tables de l'an X.

Notre mission était de revoir ces Tables. Cette mission était délicate : ces Tables avaient, à leur apparition, obtenu du ministre de l'intérieur l'approbation la plus complète et les plus grands éloges. Nous devions d'ailleurs traiter avec déférence l'ouvrage d'un membre de l'Institut. Toutefois, une expérience de quelques années avait démontré que, quel que fût le mérite personnel de l'auteur, cet ouvrage, rédigé dans un temps d'impatience et fort à la hâte, était affecté de nombreuses erreurs; et à sa création même une critique partie de l'arrondissement de Saint-Affrique l'avait attaqué et convaincu d'inexactitude. Or, revoir un ouvrage de statistique et de calcul, c'est l'étudier dans sa forme, pour l'approuver ou la rejeter; c'est remonter aux bases des calculs, refaire ces calculs eux-mêmes, se rendre compte de la manière dont chaque erreur s'y est glissée, c'est reconnaître au lecteur le droit d'être plus sévère pour un ouvrage mis plusieurs fois sur le chantier; c'est plus que le faire une première fois. En se mettant à l'œuvre, la Commission a compris l'étendue des obligations qu'elle contractait.

A la première inspection du livre de Tédénat, nous avons jugé qu'il fallait en supprimer la seconde partie, contenant les Tableaux de conversion des mesures nouvelles en mesures anciennes. Ce Tableaux n'ont pas d'objet; il y a plus, ils seraient un obstacle à la propagation du nouveau système et à l'abandon de l'ancien. Nul n'a intérêt à savoir combien de quartes vaut l'hectolitre; ce serait lui nuire que de le lui apprendre, puisque ce serait le dispenser de se faire jamais une idée absolue de l'hectolitre et éterniser, sinon dans ses actes, du moins dans son esprit, l'usage de son ancienne mesure. Ce qu'il doit savoir, ce qui doit lui servir de point de départ, de passage d'un système à l'autre, c'est uniquement quelle est la fraction de l'hectolitre que sa quarte remplit, c'est-à-dire le rapport de sa quarte à l'hectolitre : et ce rapport est encore ce qu'il suffira de connaître dans la suite pour l'intelligence des mesures anciennes.

L'ouvrage était par là réduit à sa première partie, donnant le rapport des anciennes mesures aux nouvelles. Cette première partie est elle-même insuffisante dans le livre de M. Tédénat. En effet, le département s'y trouve divisé en cantons et, à chaque canton, est assignée une seule mesure de chaque espèce. Or, quel est l'habitant du département qui ignore que très-souvent les diverses localités d'un même canton font usage de mesures différentes ? Comment, en effet, en lisant dans l'histoire du Rouergue le nombre immense de commanderies et de seigneuries qui se divisaient le terrain et dont chacune avait sa mesure spéciale, pourrait-on concevoir que la délimitation des cantons a été tellement faite que chacun se soit trouvé formé de l'étendue exacte d'une circonscription ancienne ? Il est effectivement tel canton qui a jusqu'à *cinq* mesures de grains bien distinctes entre elles. Notre première résolution a donc été de compléter sur ce point l'ouvrage de M. Tédénat et de décomposer le département, non plus en cantons, non pas même en mairies, mais en circonscriptions déterminées par l'étendue du pays où la même mesure est en usage. Nous avons pensé qu'un ouvrage de statistique ne doit pas être rédigé sur un système emprunté à un ordre de choses étranger, mais sur le système imposé par la nature même des choses à constater.

La Commission devait, tout en complétant l'ouvrage de M. Tédénat, s'assurer de l'exactitude des chiffres qu'il donne. Elle s'attendait à y trouver de nombreuses erreurs, tenant au procédé même des divisions cantonnales. Car, du moment où il est établi que le même canton offre le plus souvent des mesures diverses, on se demande qu'elle est celle que M. Tédénat a prise pour la véritable : est-ce celle du chef-lieu ou de quelque autre localité importante ? Est-ce la plus répandue ou encore une moyenne entre toutes, procédé qui au premier abord paraît le meilleur, et qu'un peu de réflexion fait reconnaître pour le pire de tous ?

Pour vérifier et compléter les tables de l'an X, il fallait fermer le livre, faire comme s'il s'agissait de le rédiger une première fois et se mettre en campagne pour obtenir des données sur les diverses mesures en usage dans ce département. C'est à quoi la Commission s'est livrée avec le plus grand zèle. Le procédé qui s'offrait le premier à nous consistait à nous procurer les mesures mêmes de toutes les localités du département et à déterminer leur grandeur en les cubant ou les comparant directement aux nouvelles. Ce fut là le procédé que suivit l'auteur des Tables de l'an X ; il est le plus naturel et réduit la besogne à une affaire de chiffres. Malheureusement l'état dans lequel nous avons trouvé les anciennes mesures ne nous a pas permis de songer à l'employer. Il est certain qu'il ne peut être mis en pratique qu'à la condition de retrouver dans chaque localité l'étalon de chaque espèce de mesure. Or, il est reconnu qu'il n'en existe aujourd'hui que très-peu.

Forcés de renoncer à ce procédé, nous n'avons pas tardé à sentir que l'état où le temps avait réduit le système ancien des mesures apportait des difficultés immenses à l'œuvre que nous entreprenions, à tel point que nous avons mis en question s'il était possible et même s'il y avait lieu de faire un travail de cette nature. Qu'est-ce, en effet, nous sommes-nous demandé, que déterminer la valeur de la mesure d'une localité, alors qu'il n'en existe plus de type et que chaque marchand, chaque propriétaire a la sienne dont rien ne prouve l'identité avec celle du marchand, du propriétaire voisin? Qu'est-ce, par exemple, que déterminer la quarte de la commune de Sylvanès, alors qu'il existe chez les divers notables trente quartes, ni plus ni moins, construites en divers temps, par divers ouvriers, sans garantie, sans poinçon? Y a-t-il réellement une quarte de Sylvanès? Ne peut-on pas, au contraire, soutenir que chaque maison a la sienne et qu'il faudrait, pour justifier toute la prétention du titre de notre ouvrage, déterminer chaque mesure à l'usage de chaque habitant?

Voici, Monsieur le Préfet, ce qu'a pensé la Commission : Bien que les étalons aient disparu presque tous et qu'on ne puisse ajouter foi à aucune des mesures à l'usage des particuliers, cependant la longue habitude et les nécessités du commerce ont conservé dans l'opinion publique la différence de la mesure de chaque localité à celle des marchés voisins. Demandez, en effet, à l'habitant d'Espalion qui se rend au marché de Rodez sans connaître la valeur absolue de la mesure, soit de sa localité, soit du chef-lieu, demandez-lui sur quelle base il établit ses marchés? Il vous répondra : sur ce que sa quarte contient 1/10 de moins que celle de Rodez; si bien qu'il offrira de donner 44 de ses quartes ou coupes pour une charretée ou 40 quartes de Rodez. Ainsi, dans l'état actuel des choses, tandis que la valeur absolue d'une mesure donnée ne peut pas en général se déterminer individuellement, son rapport avec les mesures voisines est invariablement arrêté, grâce peut-être à cette variété inouïe de mesures qui semblait d'abord rendre impossible ce travail de conversion. Ainsi, les deux termes du rapport restant incertains, le rapport lui-même est connu. On peut donc, en rejetant presque toutes les mesures elles-mêmes, comme suspectes d'inexactitude ou du moins privées d'authenticité, donner pour base à un travail de conversion ces rapports arrêtés dans la mémoire des gens, et autour desquels convergaient les mesures employées dans le commerce. Ce rejet doit s'étendre à toutes les mesures dont l'authenticité n'est pas actuellement reconnue. Ainsi nous disons que si, pour une commune où l'étalon se serait conservé dans quelque coin du vieux château devenu la mairie, la valeur de la mesure déduite par notre procédé d'une opinion bien établie, n'était pas conforme à l'étalon, il ne faudrait pas hésiter à sacrifier celui-ci, attendu que, depuis bien long-temps, on ne consultait plus les étalons, que dès lors les mesures étaient, comme toutes les choses humaines, soumises à des fluctuations continuelles; que dans tous les marchés on se guidait réellement sur les différences reconnues d'une mesure à l'autre, et que ne pas se conformer à l'opinion générale et aux rapports sur lesquels on comptait, ce serait induire en erreur ceux qui feraient usage de nos Tables.

La Commission a donc cru devoir prendre pour point de départ l'ensemble de ces rapports d'une mesure à l'autre, hors desquels il n'y a plus qu'incertitude dans ce système des mesures anciennes, ruiné si complètement de nos jours ; et le procédé qui en est ressorti peut se résumer en ces termes : déterminer pour chaque espèce de mesure la différence de la mesure d'une localité à celle de la localité voisine, les rattacher ainsi les unes aux autres, de sorte qu'en arrêtant ensuite de loin en loin le rapport de quelques-unes d'elles aux nouvelles, on puisse trouver la valeur de toutes les autres, sans qu'il soit besoin d'en faire directement la comparaison avec les mesures métriques.

Cette méthode *des différences* est la seule applicable aux mesures de grains ; et en effet leur détermination au moyen des poids de la substance qui les remplit est incertaine et ne peut servir de base dans un travail consciencieux. Aucune denrée n'est dans son genre aussi variable de poids que le blé : la qualité du grain, la nature du terrain, les circonstances des saisons, *tout* a de l'influence sur le poids. D'ailleurs, tel marché reçoit un blé bien épuré, tel autre un blé moins net, et le poids dépend encore du degré de pureté. Cette dernière remarque fait voir aussi que le rapport des grandeurs de deux mesures peut ne pas être celui des prix. Nous avons donc pensé que, sans dédaigner entièrement la considération des poids et des prix en fait de mesures de grain, nous devions apporter dans l'usage que nous en ferions une circonspection extrême et nous en servir moins pour déterminer les rapports des anciennes mesures entre elles que pour vérifier et confirmer ces rapports déjà déterminés par d'autres procédés.

Pour les mesures de liquides, la considération du poids est plus utile : on s'est assuré que sur tous les points du département le poids du vin est sensiblement le même, en pesant deux volumes égaux du vin de Felz et du vin de Marcillac, les deux qualités les plus différentes parmi toutes celles de nos vins. Dès lors on conçoit que la détermination des mesures de capacité pour les liquides peut se faire d'une manière exacte par la considération des poids. Cet élément qui, joint aux différences reconnues entre les diverses mesures, devait servir de base à la réduction, laissait moins regretter la perte à peu près complète d'étalons en ce genre.

La conversion des mesures des liquides se trouvant ainsi ramenée à celle des poids, il fallait tourner d'abord nos regards de ce côté. La Commission, qui avait étudié avec soin l'histoire des tentatives faites en ce genre, trouvait dans la première édition des Tables de M. Tédenat et dans les almanachs du département un tableau de divers poids en usage dans l'Aveyron. Ce tableau était supprimé dans l'édition de l'an X, qui n'admettait qu'un seul poids sur toute l'étendue du département. Il s'agissait de découvrir pourquoi l'on avait cru d'abord à une variété de poids, et comment l'on avait été amené plus tard à reconnaître une complète uniformité. Le nombre des poids divers donnés dans la première édition des Tables de Tédenat étant peu considérable, et les différences des poids entre eux n'étant pas peut-être par cela même connues dans le pays, où la croyance générale était celle d'un poids uniforme, la Commission a cru qu'on ne pouvait décider la question qu'en se procurant les livres-poids des diverses localités où il existe encore des étalons, et en les comparant directement entre eux ou seulement aux poids métriques.

Enfin, pour les mesures de longueur qui portent dans ce département le nom générique de cannes, et les mesures agraires qui en sont une dépendance, nous avons cru devoir procéder par la même voie de comparaison, en nous conformant à l'opinion générale et en vérifiant les résultats ainsi trouvés au moyen de leurs valeurs en pieds, pouces et lignes, sortes de grandeurs qui, d'origine étrangère au département, ont conservé partout leur valeur primitive.

Après avoir ainsi fixé la nature des renseignemens à obtenir, nous nous livrâmes à leur recherche. Un premier travail fut demandé à MM. les Sous-Préfets : nous pensions bien que ce travail serait insuffisant ; mais, rédigé sur les avis de MM. les maires, il pouvait du moins nous offrir des données intéressantes : notre prévision s'est réalisée, surtout en ce qui concerne l'arrondissement de Millau dont M. le Sous-Préfet s'est vivement intéressé à notre œuvre. Nous devions aussi nous attendre à obtenir de précieux renseignemens de la part de MM. les juges de paix qui sont les personnes les plus éclairées de leur canton, et que leurs fonctions appellent journellement à décider des contestations relatives à toute sorte de marchés. Des tableaux rédigés par nous, d'après le système expliqué plus haut, ont été remplis avec beaucoup de soin par ces magistrats ; l'analyse et la comparaison très-consciencieuse que nous en avons faite ont le plus souvent mis à découvert les rapports qui lient les diverses mesures d'un même canton non-seulement entre elles, mais aussi avec celles du chef-lieu d'arrondissement et des cantons voisins. Plusieurs d'entre eux, consultés après coup sur divers points encore en litige, ont mis à nous éclairer un empressement qui prouve combien ils attachent d'importance à notre œuvre. Outre ces données obtenues par la voie officielle, les membres de la Commission se sont adressés, en leur propre nom, aux personnes de leur connaissance instruites dans la matière. C'est ainsi que nous avons mis à profit les lumières de plusieurs maires et instituteurs et les courses de MM. les agens-voyers. Nous devons à M. le directeur des contributions indirectes un relevé des mesures de capacité pour les liquides, avec l'appréciation qu'en fait la régie, et à M. l'ingénieur du cadastre les tableaux certifiés par MM. les maires et les géomètres des diverses cannes et sétérées pour une grande partie du département ; pour le restant, nous avons nous-mêmes consulté les matrices cadastrales. En même temps nous faisions, aux archives de la préfecture, le dépouillement de l'immense dossier qui renferme tous les documens recueillis depuis un demi-siècle, à chaque tentative faite dans ce genre de travail. Là nous avons trouvé des données prises en divers lieux et en divers temps dont nous nous sommes servis pour vérifier nos propres renseignemens puisés à des sources si éloignées. Enfin, comme ces renseignemens, malgré leur nombre et peut-être à cause de leur nombre et de leur surabondance apparente, n'étaient pas toujours parfaitement d'accord entre eux et laissaient encore des doutes sur les valeurs de certaines mesures, l'un de nous n'a pas hésité à se transporter dans les localités pour lesquelles il existait quelque incertitude, et il a visité l'arrondissement de Saint-Affrique, où le système des mesures pour les grains était anciennement fort compliqué, et une partie des quatre autres arrondissemens pour lesquels les renseignemens obtenus étaient en général plus satisfaisans.

Lorsque nous eûmes obtenu par ces divers moyens de volumineux renseignemens, il nous fallut les comparer entre eux et nous assurer qu'ils fussent d'accord. Or, quand on compare deux grandeurs, le rapport qui existe entre elles ne peut jamais s'obtenir avec une entière précision. Je ne parle pas de la circonstance où les deux grandeurs se trouvant dans le cas du côté du carré et de la diagonale, du rayon du cercle et de la circonférence, c'est-à-dire *incommensurables*, ont entre elles un rapport qu'aucun nombre, soit entier, soit fractionnaire, ne saurait exprimer; dans la pratique, cette incommensurabilité mathématique n'existe pas, et le géomètre qui, dans l'intérêt de son art, poursuit le problème de la quadrature du cercle, est un esprit faux. Mais je dis que, dans tout mesurage, dans toute comparaison de deux grandeurs, l'imperfection des sens de l'homme, aidés même des instrumens que donne la science, ne nous permet que d'approcher plus ou moins de la vérité, et jamais de l'atteindre parfaitement. Donnez à mesurer un champ bien nettement limité, un parquet, une table : autant d'opérateurs, autant de mesures diverses qui, s'accordant jusqu'à un certain chiffre (ce qui suffit dans les usages de la vie), différeront par tous les autres. Les renseignemens ne pouvant donc pas amener à des résultats parfaitement identiques, il fallut déterminer jusqu'à quel point ils devaient s'accorder pour être censés se confirmer l'un l'autre, et jusqu'à quelle approximation nos tables devaient offrir les valeurs des anciennes mesures.

Or, c'est un fait d'expérience que, dans l'état actuel de la science, on ne peut prétendre qu'un nombre résultant d'une opération géodésique soit exact au-delà de ses trois premiers chiffres; le quatrième est probable; il n'est pas certain; il peut être trop fort ou trop petit d'autant d'unités qu'il y en a dans le premier chiffre du nombre : les autres, en nombre quelconque, ne méritent aucune confiance, et un opérateur éclairé leur substituera autant de zéros. Si, par exemple, le mesurage d'une ligne a donné 14367 mètres, comptez sur l'exactitude des trois premiers chiffres, dans le cas où l'opérateur est habile; le quatrième ne sera que probable, le cinquième ne dit rien; tout ce qu'on doit conclure d'un tel nombre, c'est que la longueur de la ligne est comprise entre 14350 m. et 14370. Voici des faits qui prouvent cette assertion : le mètre, qui est l'unité fondamentale du nouveau système, quelque soin que l'on ait apporté dans sa détermination, a une valeur incertaine et comme flottante entre 443 lignes 2/10 et 443 lignes 4/10. Sur la dernière carte de l'Aveyron, déduite des carrés de Cassini, on lit que la distance à laquelle le parallèle principal qui la traverse se trouve de la perpendiculaire à la méridienne de Paris, est de 262500 toises, nombre rond, ne présentant que quatre chiffres significatifs, les autres étant tous des zéros. En poussant sur la carte de l'administration la conversion de ce nombre jusqu'aux millimètres, on a obéi à un scrupule peu éclairé. Enfin, j'ajouterai qu'à l'époque où les opérations cadastrales étaient soumises à des vérifications et rapportées à la méridienne de Paris, l'administration tolérait dans un travail exécuté avec tant de soins une erreur d'un mètre sur cinq cents. Dans les opérations de commerce, telles que les mesures de poids, de liquides, de grains, l'approximation qu'on peut espérer n'est guère que d'un centième. Ainsi, un tas de grains qui, mesuré une première fois, a donné 100 litres, pourra, dans un second mesurage, donner 99 litres, 5 ou 100 lit., 5, et même 99 ou 101 lit. C'est là le résultat de l'expérience journalière, et c'était là sans doute la pensée de l'administration, lorsque, dans la dernière ordonnance sur les nouveaux poids et mesures, elle permettait de poinçonner des mesures de capacité erronées jusqu'aux centièmes. Certes, si on compare les ingénieux procédés géodésiques fournis par la science avec les mesurages grossiers du commerce, loin de se récrier sur le peu d'exactitude assignée à ces derniers, on sera étonné qu'en géodésie la certitude ne s'étende qu'à un chiffre de plus que dans les opérations commerciales. Enfin, c'est sans doute dans cette impuissance où nous sommes d'apprécier les petites différences, qu'on doit voir la raison de ce fait, que parmi la diversité inouïe de mesures en usage sur les divers points du département, il n'en est pas que l'opinion publique signale comme différant entre elles d'un centième seulement : à ce degré d'approximation elles sont réputées parfaitement égales.

Telles étant les limites auxquelles nous pouvons approcher de la vérité dans l'estimation des grandeurs, il en résulte : 1° que si les divers renseignemens obtenus sur une certaine mesure lui assignent des valeurs différant entre elles de moins d'un millième en fait de longueurs ou de surfaces, et de moins d'un centième en fait de volumes ou de poids, on doit considérer ces renseignemens comme d'accord entre eux, et la valeur de la mesure qu'on en déduit comme présentant de grandes chances de vérité ; 2° que les nombres qui représentent les valeurs des mesures anciennes en mesures nouvelles ne doivent avoir que quatre chiffres pour les mesures de longueur et de surface, et que trois chiffres pour toutes les autres ; et même le dernier chiffre de tous ces nombres n'est que probable et peut être erroné d'autant d'unités qu'il y en a dans le premier chiffre du nombre. Si ces conclusions avaient encore besoin d'être justifiées *à posteriori*, voici un fait qui les justifierait : pour n'avoir pas eu égard à ces considérations, l'auteur des Tables de l'an X a méconnu, les étalons en main, l'identité bien établie de certaines mesures usitées sur divers points du département, et notamment des quartes de Sauveterre et de La Salvetat, de Millau et de Peyreleau ; les valeurs de ces mesures diffèrent dans ses Tables au 4ᵉ et même au 5ᵉ chiffre : cette prétention à une rigueur excessive est donc une cause d'erreur ; et supprimer les derniers chiffres, c'est supprimer une inexactitude, c'est rentrer dans la vérité.

Telle est, Monsieur le préfet, l'approximation que comportent nos Tables. Certes, il y a loin de cette précision à celle que les tables de l'an X avaient la prétention d'offrir. Serait-ce un défaut dans notre œuvre, un point d'infériorité auprès de l'ouvrage que nous devions revoir et perfectionner ? Les considérations que nous venons d'exposer ne permettent pas de le soutenir. Les deux ou trois derniers chiffres des nombres donnés par M. Tédénat auront été supprimés, ou plutôt les nombres donnés par nous offriront deux ou trois chiffres de moins que ceux de ce mathématicien, parce que les Tableaux acquerront par là un nouveau degré de simplicité, ce qui est beaucoup en pareille matière, et que d'ailleurs les chiffres supprimés dans son ouvrage ou négligés dans le nôtre seraient illusoires ou du moins feraient croire à une rigueur qui n'existe qu'en apparence et qu'il est impossible d'obtenir. Je ne me dissimule pas, Monsieur le Préfet, que beaucoup de personnes, peu habituées aux considérations de nombres, seront portées à blâmer le peu d'approximation qu'elles voudront bien reconnaître dans nos Tables. Elles diront qu'une erreur d'une canne carrée, d'une livre, d'une quarte, dans l'évaluation d'un terrain, d'une rente, fera un tort considérable à celui qui vend la rente ou le terrain. A ces personnes je répondrai : Dans les affaires de commerce, l'unité ne doit jamais être prise d'une manière abstraite et séparée du nombre dont elle fait partie. Oui, nos Tables pourraient entraîner une erreur d'une canne carrée, d'une livre, d'une quarte ; mais l'erreur ne sera telle qu'autant qu'il s'agira d'une somme très-considérable devant laquelle cette erreur est très-minime et tombe dans le cas de ces différences qu'on ne peut apprécier. Et n'est-ce pas là toute la précision que l'on peut raisonnablement exiger ? Dans le mesurage d'une longueur à peu près égale à un mètre, quel est le marchand qui se récrierait contre une erreur d'un millimètre ? Qu'il ne recule donc pas, s'il tient à être conséquent, devant une erreur d'un mètre sur mille mètres. Et chaque année, dans le paiement de la rente, on ne peut assurer, comme nous l'avons expliqué, qu'il ne se commette une erreur d'un centième au préjudice soit du payeur, soit du propriétaire ; n'est-il pas naturel que le rachat s'opère dans les mêmes circonstances que le paiement annuel ?

La Commission regrette que les bornes de ce rapport ne lui permettent pas de mettre sous vos yeux les résultats qu'elle a obtenus par la combinaison de ces divers renseignemens, et qu'elle a fait servir de base à ses Tables de conversion : elle ne doute pas que votre confiance ne fût complètement acquise à son travail. Vous verriez comment la mesure de chaque localité se trouve liée à deux, trois et même plus de trois mesures en usage dans les lieux voisins, et quelquefois à des mesures étrangères, telles que celles d'Albi et de Figeac ; en sorte qu'il y a comme un réseau jeté sur la surface du département : tout s'y tient, tout fait corps; chaque partie donne et emprunte de l'appui aux parties voisines. De loin en loin, aux lieux où des étalons authentiques ont été conservés, se trouvent comme des points fixes sur lesquels viennent s'appuyer, au moyen des différences généralement reconnues et aussi authentiques que les étalons eux-mêmes, les mesures des localités qui n'en possèdent plus. Touchez à un élément quelconque de cet échafaudage, et rien ne tient plus; tout s'écroule si à l'instant vous ne modifiez en conséquence toutes les parties. C'est ainsi qu'une altération dans le nombre qui représente la valeur de la mesure de grains d'une localité changerait à l'instant les valeurs de toutes les mesures de grains du département, en sorte que, pour ainsi dire, la secousse produite en un point se transmet à toutes les extrémités, ce qui est le signe d'une liaison parfaite. Et si toutes les pièces, en si grand nombre, s'emboîtent si bien les unes dans les autres, de manière à faire corps et à ne présenter aucune solution de continuité, ce n'est pas que nous les ayons nous-mêmes préparées et taillées d'avance, suivant les besoins : telles elles sont sorties de la critique sévère à laquelle nous avons soumis les renseignemens obtenus. Aussi n'hésitons-nous pas à conclure que notre travail est l'expression entière et aussi exacte que possible de l'état de choses qu'il devait constater.

Voici du moins un exemple qui donnera une idée de la chose. Il s'agissait de déterminer la valeur de la quarte de Conques. Les premiers renseignemens qui nous parvinrent des arrondissemens de Rodez, d'Espalion et de Villefranche nous firent penser que l'usage de cette mesure pourrait bien n'être pas bornée à cette localité. Les mesures de grains de Rignac, de Sauveterre, de la Salvetat, de Villecomtal, d'Espeyrac, etc., etc., calculées sur ces premiers documens bruts et tels qu'ils nous venaient de sources plus ou moins certaines, ne différaient entre elles et de la quarte de Conques que d'un ou deux décilitres sur 17 litres. Quoique autorisés par notre méthode d'approximation à passer outre et à déclarer toutes ces mesures identiques, nous avons voulu vérifier le fait et mettre ainsi à l'épreuve notre méthode elle-même. Eh bien! l'identité de toutes ces mesures a été mise hors de doute par les éclaircissemens recueillis sur ce point auprès de personnes habiles sur la matière. Le juge de paix de Rignac, entre autres, consulté une seconde fois, nous a déclaré de la manière la plus positive que la quarte de Rignac, connue sous le nom du comte Raymond, est la même que celle de Conques, de Sauveterre, etc. Cette identité reconnue, nous avions, pour déterminer cette quarte, divers moyens parmi lesquels nous ne devions pas faire un choix, mais qui, appliqués l'un après l'autre, devaient tous s'accorder à nous donner la même valeur. Cette quarte tenait par Villecomtal à celle de Rodez, par Espeyrac à celle d'Entraygues, par Rignac à celle de Villefranche et d'Aubin, etc., etc. Or, en partant des valeurs déjà arrêtées pour les mesures de Rodez, Entraygues, Villefranche et Aubin, nous avons trouvé que la quarte de Conques,

Déterminée par sa comparaison à celle de Rodez, valait...... 17^l, 4

Déterminée par sa comparaison à celle d'Entraygues, valait... 17^l, 5

Déterminée par sa comparaison à celle de Villefranche, valait. 17^l, 7

Déterminée par sa comparaison à celle d'Aubin, valait...... 17^l, 6

Enfin, le cubage d'un grand nombre de quartes, prises en divers lieux, nous a donné pour valeur moyenne.................. 17^l, 5

Tous ces nombres s'accordant dans les limites où l'approximation peut être obtenue, nous sommes certainement en droit de conclure que la quarte de Conques avait pour valeur.................. 17^l, 5

C'est par une suite de considérations analogues qu'a été déterminé chaque chiffre que vous lisez dans les tableaux ci-annexés.

Il ne faudrait donc pas juger de notre travail par son volume : chaque chiffre est le résultat de nombreuses recherches, de longs et pénibles calculs qu'on ne serait pas en droit de nier, parce que nos Tables n'en conservent aucune trace.

La valeur de chaque mesure principale ancienne ainsi arrêtée, il s'éleva au sein de la Commission, sur la forme à donner à notre ouvrage, une question que nous vous posâmes, Monsieur le Préfet, dans les termes suivans : Faut-il se borner à offrir le rapport à l'unité métrique de la mesure principale de chaque espèce pour chaque localité, ce qui suffit pour conserver le souvenir des anciennes mesures ; ou bien faut-il rédiger des Tables pratiques à l'usage de chaque commerçant, analogues à celles que l'on trouve dans le commerce pour la conversion des livres en poids métriques, analagues à celles de la *Métrologie française* publiée dans le département du Lot en 1807, où l'on trouve la valeur, pour chaque espèce de mesure, de l'unité principale, de ses multiples et sous-multiples, et même de 1, 2, 3 jusqu'à 10 de ces unités principales ou dérivées? Vous avez opté pour la première forme, guidé par des raisons qui furent débattues dans cette réunion de personnes habiles dans la matière où fut reconnue la nécessité des tables de conversion, et résolue la création d'une commission chargée de les rédiger.

Une notice mise en tête de nos Tables les explique et donne la manière d'en faire usage ; il est donc inutile d'entrer ici dans des explications à cet égard. Nous voulons seulement ajouter un mot sur les poids anciens. Il résulte de nos recherches que primitivement le Rouergue avait sa livre-poids particulière, dite livre ruthénoise, la même que celle de Cahors et de Toulouse, et un peu moindre que la livre-poids de table de Montpellier. Depuis long-temps on faisait aussi usage, dans une partie du département d'une livre *gros poids*, surpassant d'un quart la livre ruthénoise, et connue sous le nom de livre de cinq quarts. Mais il n'existait pas dans le commerce des étalons de cette livre gros-poids ; c'était un poids de pure convention ; on faisait gros poids en ajoutant un quart à la livre ordinaire ou petit poids. Cette livre gros-poids a été imaginée pour produire la livre poids de marc de Paris , la livre des orfèvres , type de la livre en France avant l'invention du nouveau système , et qui était la vingt-cinquième partie de la pile de cinquante marcs conservée depuis Charlemagne à la Monnaie de Paris. Toutefois , le résultat qu'on avait voulu atteindre n'avait été qu'approché ; la livre gros-poids , composée des cinq quarts de la livre ruthénoise , et qui usurpait quelquefois le nom de livre poids de marc , était un peu supérieure à la vraie livre poids de marc de Paris. Pour obtenir , au moyen de la livre de Rodez , la livre-poids de marc , il eût fallu augmenter la première , non pas d'un quart , mais seulement d'un cinquième. C'est ce qu'on faisait dans une autre partie du département , et surtout dans l'arrondissement de Villefranche : c'est que là on faisait réellement usage de la vraie livre de Paris , dont les marchands avaient des étalons. Voilà déjà de la confusion ; mais il y a plus : depuis long-temps le commerce a introduit chez nous la livre poids de table de Montpellier , et même celles de Beaucaire et de Nîmes. Cette introduction a eu lieu peu à peu , sans bruit , sans qu'on s'en aperçût , grâce au peu de différence qui existait entre ces livres étrangères et la livre ruthénoise. Les livres poids , les romaines , étaient prises indifféremment à Rodez et à Montpellier ou Nîmes , et celles même que l'on fabriquait dans le département , étant faites sur des modèles d'origine incertaine , se rapportaient tantôt à la livre-poids du pays , tantôt aux livres étrangères. Cette seconde source de confusion s'est encore accrue par l'introduction dans le département des Tables de comparaison , imprimées à Montpellier , Nîmes ou Beaucaire , et adoptées dans les arrondissemens de Millau et de Saint-Affrique comme donnant le vrai rapport de notre livre au kilogramme. Nous ne doutons pas que , dans cet état de choses , les personnes qui , par leur profession , font de fréquentes et de grosses-pesées , n'aient cru remarquer une différence entre le petit poids de telle ville et celui de telle autre dans l'étendue du département. Ce qu'on doit en conclure , c'est que , dans l'une de ces villes , les livres et romaines du commerce ont été tirées en plus grand nombre de villes étrangères , et non que le poids de cette ville fût celui de Montpellier ou de Nîmes plutôt que celui de Rodez. Nous ne pouvions donc pas assigner à chaque localité un poids spécial ; nous devions seulement constater cette confusion , et , l'avertissement donné , présenter les valeurs en kilogrammes de la vraie livre ruthénoise , de la livre gros-poids , de la livre de Paris et des autres livres introduites comme par fraude dans le département.

Cet exposé doit vous convaincre , Monsieur le Préfet , que la Commission a mûrement étudié la question qui lui avait été soumise et que si , malgré tous ses soins , dans un ouvrage si vaste et si plein de détails , il s'était encore glissé quelque erreur , elle peut du moins se rendre ce témoignage qu'elle n'a reculé devant aucune recherche soit de chiffres , la plume à la main , soit de renseignemens sur les lieux mêmes. Depuis une année entière, l'attention de ses membres a été dirigée vers cet objet. Comme le bienfait de son ouvrage doit se faire sentir dans le temps à venir encore plus que dans le temps présent, elle a préféré, suivant votre avis et instruite par l'exemple de la commission de l'an VI, produire tard un ouvrage plus parfait que livrer au public, dans un bref délai, un ouvrage défectueux. Aussi n'a-t-elle mis la dernière main à la rédaction des Tables qu'après être parvenue à obtenir sur l'ensemble des mesures l'accord le plus parfait.

Bien des fois, durant ce temps, notre patience a été mise à une dure épreuve par les difficultés sans nombre d'un travail si ingrat et si fastidieux ; nous avons été soutenus par le désir de mener à bonne fin une œuvre utile au département et de pas rester écrasés sous une entreprise que nous avions acceptée de vos mains, sans prévoir, il est vrai, son étendue.

Nous vous devions, Monsieur le Préfet, ce long rapport ; pièce justificative des Tableaux ci-joints, il ne faut pas s'étonner qu'il soit plus gros que ces Tableaux eux-mêmes. Ce qui porte en soi sa raison d'être n'a que faire d'explication ; mais un travail qui se résout en colonnes de chiffres bruts et comme ramassés çà et là, sans apparence de liaison, ne peut s'acquérir la confiance du lecteur sagement difficile et dont les intérêts sont en jeu, qu'à la condition d'offrir la justification pleine et entière, sinon de chaque chiffre, du moins du procédé qui les a donné tous. Certes, si les étalons des mesures existaient encore et que notre travail se fût réduit à relever leurs dimensions, ce qui était le problème ancien, nous aurions été brefs dans ce compte-rendu ; nous vous aurions dit en deux mots que le plus grand soin avait été apporté dans le cubage des étalons. Mais une mesure étant pour nous moins une grandeur, une capacité actuelle et qu'on pût nous produire, qu'un rapport qui n'avait d'existence que dans l'esprit des gens, nous devions présenter la statistique, en fait de mesures anciennes, moins du pays que de l'opinion publique. La question pour nous consistait moins à décrire un monument encore debout et intact, moins à le reconstruire déjà ruiné et délabré, qu'à élever un édifice imaginaire avec des pièces prises dans l'opinion publique. Or, à voir le vague des croyances populaires, en général, qui aurait cru à la possibilité de cette œuvre, si nous n'avions su montrer comment l'intérêt et les nécessités du commerce avaient arrêté ces rapports dans l'esprit des gens, et leur avaient donné une certitude qui pouvait servir de base à un ouvrage positif?

Rodez, le 10 *décembre* 1840.

A. ROUQUAYROL.

EXPLICATION

DES

TABLES DE CONVERSION.

Ces Tableaux sont de quatre espèces et donnent les valeurs, en mesures métriques, des anciennes mesures de longueur et de superficie, de capacité pour les grains, de capacité pour les liquides, enfin des livres-poids.

Les Tableaux de la première espèce présentent les valeurs en mètres des diverses cannes en usage dans le département : on verra qu'elles sont au nombre de trois, et que la plus répandue est celle qui surpasse le double mètre de trois millimètres. Elles se subdivisent généralement en huit pans, dont on trouve la valeur en divisant par 8 la valeur de la canne; c'est ainsi que,

Lorsque la canne vaut 2 ^{m}, 003, le pan vaut 0 ^{m}, 250.
Lorsque la canne vaut 1 ^{m}, 984, le pan vaut 0 ^{m}, 248.
Lorsque la canne vaut 2 ^{m}, 112, le pan vaut 0 ^{m}, 264.

Ces mêmes Tableaux donnent en ares la valeur des differentes sétérées. Ici il y a plus de diversité ; cela tient au grand nombre de sétiers differens en usage dans le département, la sétérée ayant été primitivement fixée à l'étendue de terrain qui reçoit un sétier de blé de semence. La sétérée étant connue, on en déduit la valeur de plusieurs sétérées par une simple multiplication, et la valeur d'une quartonnée ou autre subdivision de la sétérée par une simple division. Ainsi, pour trouver la valeur de 7 sétérées, 3 quartonnées, mesure de St.-Geniez, on prendra 7 fois la valeur de la sétérée qui est 32^{a}, 09, et après avoir divisé cette même valeur de la sétérée par 4, afin d'avoir la valeur de la quartonnée, on prendra 3 fois ce quotient, et l'on ajoutera ce nouveau produit au premier. Voici le type du calcul ;

Valeur de la sétérée....	32^{a},09.	1/4 de la sét. ou quart.	8^{a},02
	7		3
Valeur de 7 sétérées.....	224^{a},63	Valeur de 3 quart....	24^{a},06
Valeur de 3 quartonnées.	24^{a},06		
Valeur de 7 sét., 3 quart.	248^{a},69		

2

Ces Tables donnent les valeurs des surfaces de terrain en ares ; pour les obtenir en hectares, il suffit de porter vers la gauche la virgule de deux rangs ; ainsi au lieu de 248^{a}, 69 on peut lire 2 hectares, 48 ares, 69 centiares.

Ces premières Tables sont précédées d'un tableau donnant les valeurs des mesures anciennes qui, pour être d'origine étrangère au département, n'y sont pas moins généralement répandues. On y lit aussi une note sur les mesures de longueur et de surface plus anciennement usitées dans le département.

Les Tableaux de la seconde espèce donnent les valeurs en litres des diverses mesures de grains; on y voit que les quartes du département sont toutes plus grandes que le décalitre ou dix litres, tandis que celles de Villefranche et de St-Sernin sont les seules qui soient plus grandes que le double décalitre ou vingt litres. La quarte *moyenne* vaut 16^{l}, 66^{c} ; il en faut 6 ou un sétier et demi pour faire l'hectolitre ou 5 double-décalitres ; telles sont celles d'Entraygues, de St-Geniez, de St-Léons. On trouvera la valeur du sétier en multipliant la valeur de la quarte ou coupe par le nombre de quartes ou coupes que renferme le sétier, et la valeur du boisseau ou punière en divisant la valeur de la quarte par le nombre de boisseaux ou punières contenus dans la quarte. Je prends pour exemple, comme le plus compliqué, la quarte de St-Affrique, qui se subdivise en 7 punières et demi ; après avoir écrit 7 et 1/2 sous forme de nombre décimal, de la manière suivante : 7, 5, il faut diviser 19^{l}, 8 qui est la valeur de la quarte de St-Affrique par ce nombre 7, 5. Voici le calcul.

19, 8		7, 5
4	80	2^{l}, 64
	300	
	000	

Ainsi la punière de St-Affrique vaut 2^{l}, 64^{c}.

On se rappelera que le décalitre vaut 10 litres, que le double décalitre vaut 20 litres, et que l'hectolitre vaut 100 litres, en sorte que la quarte de Rodez, savoir : 15^{l}, 6, vaut un décalitre 5 litres et 6 décilitres, et que le setier de cette même mesure, savoir 4 quartes, vaut 62^{l}, 4, ou 6 décalitres 2 litres 4 décilitres, ou 3 doubles décalitres 2 litres et 4 décilitres, et qu'enfin la charrêtée ou 40 quartes vaut 624 litres, ou 6 hectolitres, 2 décalitres ou un double décalitre, et enfin 4 litres.

Les Tableaux de la troisième espèce donnent les valeurs en hectolitres des différentes mesures des liquides. Pour s'en servir avec intelligence, il suffit de se rappeler que la mesure nouvelle, l'hectolitre, se divise en 100 litres, et que, pour déterminer la valeur des subdivisions de l'ancienne mesure, il faut diviser les nombres de la troisième colonne par les nombres qui indiquent combien de fois ces subdivisions sont contenues dans la mesure principale. Ainsi veut-on savoir combien vaut en hectolitres la semal de Marcillac, d'Aubin? Il suffit de diviser 443 litres par 8, et 450 litres par 9, et on trouve 55 litres et une fraction pour la première, et 50 litres pour la seconde.

Le litre étant d'un usage général dans tout le département, on n'a pas cru devoir mentionner les mesures de détail. On n'a pas cru devoir mentionner non plus le nom des communes où l'on ne cultive pas la vigne, vu que ces communes n'ont nulle part des mesures pour le vin qui leur soient propres, et qu'elles achètent à la mesure de la localité où elles vont s'approvisionner.

Lorsque le vin ne s'achète pas sur les lieux de production, il se vend au poids. C'est ainsi que cela se pratique pour le vin du Languedoc et et pour d'autres qu'on importe dans le pays.

Enfin le dernier tableau donne le rapport au kilogramme des diverses livres-poids en usage dans le département. Ce tableau est suivi d'une note qu'il faudra consulter pour se faire une idée de ces diverses livres; on fera bien aussi de lire le passage du rapport à M. le Préfet où cette matière se trouve traitée, page 13.

VALEUR DE DIVERSES MESURES DE LONGUEUR ET DE SUPERFICIE,

D'ORIGINE ÉTRANGÈRE AU DÉPARTEMENT.

La toise, mesure générale de longueur avant le mètre	1m, 949
Le pied, 1/6 de la toise	0, 325
Le pouce, 1/12 du pied	0, 027
La lieue de poste	4000, ou 4 kilomètres.
La lieu moyenne du pays, environ	6000, ou 6 kilomètres.
La canne de Montpellier	1, 984
L'ancienne aune de Paris (5 pans moins 1/4)	1, 188
L'aune métrique	1, 20
L'aune de Lyon, pour les soieries, variait de	1, 14 à 1, 18
La perche des eaux-et-forêts, ayant 22 pieds de côté	0a, 51
L'arpent des eaux-et-forêts, composé de 100 perches	51, 07

NOTA. Les tableaux suivans donnent les valeurs des mesures de longueur et de superficie en usage dans le département au moment de la suppression de l'ancien système ; mais en remontant aux siècles précédens, on trouve dans le Rouergue d'autres mesures ; c'étaient les mesures indigènes.

Ainsi, dans le nouveau compoids et cadastre de Prades, à la date de 1620, on voit le mot *perche* avec la valeur de 4 cannes carrées ;

Dans celui de Verlac, en 1685, on lit le mot *dextre* avec la même signification ;

Dans celui des Crouzets, en 1690, on lit le mot patois *pergos* pour perche ;

Enfin celui de Pomayrols explique ainsi le mot perche : valant 4 cannes carrées, mesure de Montpellier.

Il résulte de l'ensemble des anciens cadastres que la perche et la dextre étaient les anciennes mesures du pays, et que la canne nous est venue des provinces voisines, qui fournissaient au Rouergue ses *agrimensurs*.

La perche et la dextre, en tant que lignes, avaient deux cannes de long.

Il ne faut pas non plus perdre de vue que bien souvent la canne d'une commune différait de celle des arpenteurs ; ainsi telle commune où les géomètres adoptaient pour valeur de la canne 2m, 003, se servait dans ses opérations commerciales de la vraie canne de Montpellier, savoir : 1m, 984 ; mais si la canne des arpenteurs était 1m, 984, jamais celle du commerce n'était 2m, 003.

MESURES DE LONGUEUR

Arrondissement de

NOM des CANTONS.	NOM des COMMUNES.	VALEUR en mètres de la canne.	VALEUR de la sétérée en cannes carrées.
Saint-Affrique	Roquefort Montclarat St-Rome-de-Cernon Tournemire Labastide-Pradine	2^m, 003	900
	Le restant du canton	2, 003	900
Belmont	Tout le canton	2, 003	900
Camarès	Tout le canton	2, 003	900
Cornus	Ste-Eulalie	2, 003	750
	LeViala-du-P.de-Jaux	2, 003	800
	St-Baulize Lapanouse-de-Cernon	2, 003	640
	Le restant du canton	2, 003	900
St-Rome-de-Tarn	St-Rome St-Victor	2, 003	672
	Gozon	2, 003	800
	St-Michel-de-Landesq. Lacazotte	2, 003	900
	Le restant du canton	2, 003	640
Saint-Sernin	Laval-Roquecezière	2, 003	1120
	Martrin	2, 003	640
	St-Izaire St-Juéry Combret	2, 003	900
	St-Sernin Coupiac Montclar Plaisance	2, 003	1280
	Pousthomy	2, 003	1600

ET DE SUPERFICIE.

Saint-Affrique.

VALEUR en ares de la sétérée.	SUBDIVISIONS DE LA SÉTÉRÉE.	OBSERVATIONS.
36ᵃ, 10	La sétérée valait 4 quartes ; la quarte 7 boisseaux 1/2.	On observe que dans le commerce on faisait quelquefois usage de la canne vraie de Montpellier, valant 1 m. 984.
36, 10	La sétérée valait 4 quartes ; la quarte 2 punières 1/2.	
36, 10	La sétérée valait 4 quartes, la quarte 7 punières.	
36, 10	La sétérée valait 4 quartes ; la quarte 7 punières 1/2.	
30, 09	La sétérée valait 4 quartes ; la quarte 4 boisseaux.	
32, 09	Idem.	
25, 67	Idem.	
36, 10	Idem.	
26, 96	Idem.	
32, 09	Idem.	
36, 10	Idem.	
25, 67	Idem.	
44, 93	Idem.	
25, 67	Idem.	
36, 10	Idem.	
51, 35	Idem.	
64, 19	Idem.	

MESURES DE LONGUEUR

Arrondissement

NOM des CANTONS.	NOM des COMMUNES.	VALEUR en mètres de la canne.	VALEUR de la sétérée en cannes carrées.
St-Amans	Florentin, Campouriez, Montezic	2m, 003	640
	Le restant du Canton	2, 003	800
St-Chély	Le Canton	2, 003	800
Entraygues	Tout le Canton	2, 003	640
Espalion	Bessuéjouls	2, 003	1280
	Gabriac	2, 003	640
	Espalion, St-Côme, Mandailles	2, 003	800
Estaing	Villecomtal	2, 003	640
	Le restant du Canton	2, 003	800
Ste-Geneviève	Tout le Canton	2, 003	800
St-Geniez	Pierrefiche	2, 003	640
	Le restant du Canton	2, 003	800
Laguiolle	Tout le Canton	2, 003	800
Mur-de-Barrez	Tout le Canton	2, 112	460

d'Espalion.

VALEUR en ares de la sétérée.	SUBDIVISIONS DE LA SÉTÉRÉE.	OBSERVATIONS.
25a, 67	La sétérée valait 4 quartes; la quarte 6 liadières.	A Montezic, la sétérée se faisait de 960 cc, et se subdivisait en 9 quartes chacune de 100 cc et en 60 cc. Elle valait 38a, 52.
32, 09	8 quartonnées, la quart. 4 gètals.	
32, 09	La sétérée valait 8 coupelades.	La journée de pré étant de 960 cc, ce qui faisait 38a, 52.
25, 67	La sétérée valait 4 quartes, la quarte 4 boisseaux.	
51, 35	La sétérée valait 8 coupes.	
25, 67	La sétérée valait 4 quartes.	
32, 09	La sétérée valait 4 quartonnées ou coupelades.	A Espalion, la journée de vigne était de 80 cc ou 3a, 21; la journée de pré était de 1 sétérée ou 800 cc, c'est-à-dire 32a, 09.
25, 67	La sétérée valait 4 quartes.	La journée de vignes valait 80 cannes carrées, c'est-à-dire 3a, 21.
32, 09	Valait 8 quartonnées.	
32, 09	Idem.	
25, 67	Valait 4 quartes, la quarte 2 coupes, la coupe 4 boisseaux.	La journée de vignes valait 80 cc ou 3a, 21.
32, 09	Valait 8 quartes, la quarte 4 boisseaux.	La journée de pré valait 960 cc ou 38a, 52.
32, 09	Valait 4 quartes, la quarte 2 coupes, la coupe 4 boisseaux.	Il y avait aussi dans ce canton la canne *grande mesure*, valant 7 pieds ou 2m, 27.
20, 52	Valait 4 quartonnés.	La canne portait aussi le nom de toise. La journée de pré valait 920 toises carrées ou 2 sétérées, ce qui faisait 41a, 04.

MESURES DE LONGUEUR

Arrondissement

NOM des CANTONS.	NOM des COMMUNES.	VALEUR en mètres de la canne.	VALEUR de la sétérée en cannes carrées.
St-Bauzély..........	Tout le canton......	2m, 003	640
Campagnac.........	*Idem*..............	2, 003	640
Laissac............	*Idem*..............	2, 003	640
Millau.............	St-Georges .... Creissels...........	2, 003	800
	le restant du cant....	2, 003	640
Nant..............	La Cavalerie........ L'Hospitalet .... La Couvertoirade.....	2, 003	740
	Cantobre...........	2, 003	1200
	le restant du cant....	2, 003	500
Peyreleau..........	Laroque-Ste-Marg....	2, 003	1000
	La Cresse	2, 003	800
	le restant du cant....	2, 003	640
Salles-Curan........	Tout le canton.......	2, 003	640
Sévérac............	*Idem*..............	2, 003	640
Vesins.............	*Idem*..............	2, 003	640

de Millau.

VALEUR en ares de la sétérée.	SUBDIVISIONS DE LA SÉTÉRÉE.	OBSERVATIONS.
25ª, 67	La sétérée valait 4 quartes, la quarte 4 boisseaux.	La journée de pré valait 960 cc ou 38 a, 52.
25, 67	Idem.	Autrefois la sétérée était, comme celle de St-Geniez, de 800 cc ou 32 a, 09.
25, 67	Idem.	La journée de pré valait 960 cc ou 38 a, 52.
32, 09	Idem.	A Millau, la journée de vigne valait 80 cc ou 3a, 21.
25, 67	Idem.	A St-Georges et Creissels, elle valait 100 cc ou 4a, 01. Dans le commerce, on fait aussi usage de la canne vraie de Montpellier, valant 1m, 984.
29, 68	Idem.	
48, 14	Idem.	
20, 06	Idem.	
40, 12	Idem.	
32, 09	Idem.	
25, 67	Idem.	A la Cresse, Laroque et Mostuéjouls, la journée de vigne valait 100 cc ou 4a, 01. A Peyreleau, elle ne valait que 80 cc ou 3a, 21. La journée de pré était composée de 6 quartes et valait 960 cc ou 38a, 52.
25, 67	Idem.	A Villefranche-de-Panat, la quarte pour les jardins ne se composait que de 48 cc ou 1a, 89 la journée de vigne se composait de 80 cc pour les vignobles des bords du Tarn, ou 3a, 21.
25, 67	Idem.	La journée de pré valait 960 cc ou 38a, 52.
25, 67	Idem.	La journée de pré valait 1 sétérée 1/2, ce qui fait 960 cc ou 38a, 52.

MESURES DE LONGUEUR

Arrondissement

NOM des CANTONS.	NOM des COMMUNES.	VALEUR en mètres de la canne.	VALEUR de la sétérée en cannes carrées.
Bozouls	Tout le canton	1^m, 984	640
Cassagnes	Tout le canton	2, 003	640
Conques	Tout le canton	2, 003	640
Marcillac	Tout le canton	2, 003	640
Naucelle	Tout le canton	2, 003	640
Pont-de-Salars	Tout le canton	2, 003	640
Réquista	Le canton	1, 984	640
Rignac	Tout le canton	2, 003	640
Rodez	Tout le canton	1, 984	640
La Salvetat	Lescure	2, 112	1280
	Le restant du canton	2, 100	640
Sauveterre	Tout le canton	2, 003	640

ET DE SUPERFICIE.

de Rodez.

VALEUR en ares de la sétérée.	SUBDIVISIONS DE LA SÉTÉRÉE.	OBSERVATIONS.
25^{a}, 19	La sétérée valait 4 quartonnées.	
25, 67	Le sac valait 2 sétiers, le sétier ou sétérée 4 quartes.	C'était la *grande* mesure pour prés, champs, etc. Les jardins se mesuraient à la *petite*; la quarte valait 48^{cc} ou 1^{a}, 93.
25, 67		
25, 67	La quarte, 4 boisseaux.	
25, 67	La sétérée valait 4 quartes, la quarte 4 boisseaux.	Pour les jardins, la *quarte* valait 48^{cc} ou 1^{a}, 93.
25, 67	Idem.	
25, 19	Le sac fait 2 sétérées, la sétérée 4 quartes.	Pour les jardins, il y avait une *mesure* valant 48^{cc} ou 1^{a}, 89; pour les bois, on faisait usage de l'arpent forestier de la généralité de Toulouse, val. 1066^{cc} ou 42^{a}, 32.
25, 67	La sétérée valait 4 quartes, la quarte 4 boisseaux, le boisseau 4 punières.	La journée de vignes valait : A Cassagnes et Glassac, 27 perches ou 4^{a}, 33; à Escandolières, Bournazel, Auzits et Rulhe, 32 p. ou 5^{a}, 35; au Terson, 22 p. ou 3^{a}, 53.
25, 19	Le sétier valait 4 quartonnées.	
57, 09	Le sétier valait 4 quartes.	C'était la mesure de Najac.
25, 67	Le sétier valait 4 quartes, la quarte 4 boisseaux.	Pour les vignes et jardins, la *quarte* valait 48^{cc} ou 1^{a}, 93.
25, 67	Idem.	Pour les jardins, la *quarte* valait 48^{cc} ou 1^{a}, 93.

MESURES DE LONGUEUR

Arrondissement

NOM des CANTONS.	NOM des COMMUNES.	VALEUR en mètres de la canne.	VALEUR de la sétérée en cannes carrées.
Asprières	Asprières, Naussac	2m, 003	1280
	St-Julien-d'Empare, Foissac, Loupiac, Salvagnac-St-Loup, Bouillac	2, 003	1296
Aubin	Aubin, Cransac, Firmi, Flanhac	2, 003	720
	St-Parthem	2, 003	640
	St-Santin	2, 003	800
Montbazens	Maleville	2, 003	944
	Privezac	2, 003	720
	Peyrusse	2, 003	640
Najac	Marmont, Sanvenza, Monteils	2, 003	1024
	Le restant du canton	2, 112	1280
Rieupeyroux	Teulières, St-Salvadou, Lacapelle-Bleys, Cadour, Labastide-l'Evêque	2, 003	1024
	Cabanes, Le Bleyssol, Tizac, Vabres	2, 112	1280
	Le restant du canton	2, 003	640
Villefranche	Tout le canton	2, 003	1024
Villeneuve	Saujac	2, 003	1296
	Salvagnac-Cajars	2, 003	1536
	Le restant du canton	2, 003	1024

ET DE SUPERFICIE.

de Villefranche.

VALEUR en ares de la sétérée.	SUBDIVISIONS DE LA SÉTÉRÉE.	OBSERVATIONS.
51, 35	La sétérée se subdivisait en 8 quartonnées.	
52, 00	La sétérée se subdivisait en 8 quartonnées.	C'est la mesure de Figeac.
28, 89 25, 67 32, 09	La sétérée se subdivisait en 4 quartes, la quarte en 4 pènes, le pèue en 4 penons.	
37, 87 28, 89 25, 67	La sétérée valait 4 quartes, la quarte 4 punières.	Les trois mesures ci-contre n'étaient pas bornées aux communes dont elles portent le nom; on en faisait usage indistinctement dans tout le canton, suivant les conventions. Ce canton n'est pas encore cadastré.
41, 08	Valait 4 quartes, la quarte 4 punières, la pun. 4 pauques.	
57, 09	La sétérée valait 8 quartes, la quarte 8 pènes.	
41, 08	La sétérée valait 4 quartes.	
57, 09	La sétérée valait 4 quartes, la quarte 4 boisseaux.	
25, 67	La sétérée valait 4 quartes.	
41, 08	Valait 2 émines, l'émine 2 quartes, la quarte 4 pun.	
52, 00	8 quartons, le quart. 4 pènes.	C'est la mesure de Figeac.
61, 62	8 quartons, le quart. 6 pènes.	
41, 08	Valait 4 quartes, la quarte 4 punières, la pun. 4 pauques.	

TABLEAU DE CONVERSION DES MESURES

Arrondissement de

NOM des CANTONS.	NOM des COMMUNES.	NOM DE l'ancienne mesure.	VALEUR en litres.
Saint-Affrique	Tournemire		Litres.
	Labastide-Pradinas		
	St-Rome-de-Cernon	quarte.	15, 8
	Roquefort		
	Montclarat		
	Le restant du canton	Idem.	19, 8
Belmont	Belmont	Idem.	16, 5
	Murasson		
	St-Sever	Idem.	15, 0
	Probencoux		
	Montlaur		
	Briols	Idem.	19, 8
	Rebourguil		
	Esplas		
Camarès	Camarès		
	Montagnol		
	Gissac	Idem.	18, 2
	Peux-et-Coufouleux		
	Sylvanès		
	Fayet	Idem.	17, 0
	Brusque		
	Mélagues	Idem.	16, 2
	St-Félix	Idem.	18, 7
	Versols-et-Lapeyre	Idem.	19, 8
Cornus	Cornus	Idem.	11, 8
	Montpaon	Idem.	17, 7
	Ste-Eulalie	Idem.	15, 0
	St-Jean-et-St-Paul	Idem.	19, 8
St-Rome-de-Tarn	Brousse	Idem.	21, 7
	St-Michel-de-Landesq	Idem.	19, 8
	Ayssènes-Broquiès	Idem.	17, 0
	Broquiès et Lacazote	Idem.	21, 2
	Touels	Idem.	18, 0
	Le restant du canton	Idem.	18, 0
St-Sernin	St-Izaire	Idem.	19, 8
	St-Sernin	Idem.	20, 3
	Combret	Idem.	17, 5
	Coupiac el Martrin	Idem.	18, 6
	Montclar	Idem.	21, 7

Saint-Affrique.

MULTIPLES ET SUBDIVISIONS.	OBSERVATIONS.
Sètier, 4 quartes ; quarte, 2 punières 1/2.	C'est la mesure de Millau. Pour les rentes, on se servait d'une ancienne quarte dite de Montclarat, quivalait 15 lit., 4.
Sètier, 4 quartes ; quarte, 7 boisseaux 1/2.	
Sètier, 4 quartes ; quarte, 7 punières.	
Sètier, 4 quartes ; quarte 7 punières.	1/10 de moins qu'à Belmont.
Sètier, 4 quartes ; quarte, 7 boisseaux 1/2.	Comme à St-Affrique.
Sètier, 4 quartes ; quarte, 6 boisseaux.	
Sètier, 4 quartes ; quarte, 7 1/2 boisseaux.	
Idem. Idem.	
Sètier, 4 quartes ; quarte, 8 1/2 boisseaux.	
Sètier, 4 quartes ; quarte, 7 boisseaux 1/2.	Comme à St-Affrique.
Sètier 4 quartes ; quarte 6 boisseaux.	Les 3/5 de la mesure de St-Affrique.
Idem. Idem.	
Idem. Idem.	Les 3/4 de la mesure de St-A.
Idem. Idem.	Mesure de St-Affrique.
Le sac valait 6 quartes ou 32 boisseaux.	
Le sètier valait 4 quartes ou 32 boisseaux.	Mesure de St-Affrique.
Le sètier valait 4 quartes ou 24 boisseaux.	
Le sac valait 6 quartes ou 32 boisseaux.	
Le sac valait 7 quartes ou 42 boisseaux.	
Le sètier valait 4 quartes ou 8 quartons.	
Le sètier valait 4 quartes.	Comme à St-Affrique.
Le sac, 6 quartes, la quarte, 6 boisseaux.	
Sètier, 4 quartes.	1/7 de moins qu'à St-Sernin.
Le sac valait 6 quartes.	
Le sac valait 6 quartes.	Comme à Brousse.

TABLEAU DE CONVERSION DES MESURES

Arrondissement

NOM des CANTONS.	NOM des COMMUNES.	NOM DE l'ancienne mesure.	VALEUR en litres.
			Litres.
St-Amans	Campouriez Florentin	quarte.	16, 6
	St-Amans St-Symphorien Huparlac Montezic	Idem.	15, 0
St-Chély	Tout le canton	coupe.	13, 5
Entraygues	Espeyrac Golignac	quarte.	17, 5
	Entraygues St-Hippolyte	Idem.	16, 6
Espalion	Espalion Bessuéjouls St-Côme Castelnau	coupe.	14, 0
	Gabriac Ceyrac Partie de la mairie de Lassouts	Idem.	14, 0
Estaing	Coubisou	Idem.	14, 0
	Verrières Estaing Le Neyrac	quarte.	13, 5
	Villecomtal	Idem.	17, 5
Ste-Geneviève	Tout le canton	Idem.	15, 0
St-Geniez	Tout le canton	Idem.	16, 6
Laguiolle	Tout le canton	Idem.	15, 0
Mur-de-Barrez	Tout le canton	Idem.	17, 0

DE CAPACITÉ POUR LES GRAINS.

d'Espalion.

MULTIPLES ET SUBDIVISIONS.	OBSERVATIONS.
Le setier valait 4 quartes, la quarte valait 4 boisseaux ou 6 liadières.	C'est la mesure d'Entraygues.
Le sac valait 4 quartes, la quarte valait 4 gétals.	C'est la mesure de Laguiole, mais à Montezic il y avait autrefois une mesure valant 10 l, 5.
Le sac valait 10 coupes, le setier 8 coupes, la coupe 4 gètals ou punières.	On doit observer que, dans ce canton, plusieurs gros domaines, tels que Bonnefon, Les Privats, etc., avaient des mesures particulières qui pouvaient différer de celle du chef-lieu.
Le setier valait 4 quartes.	Cest la mesure de Conques.
Le setier valait 2 émines, ou 4 quartes ou 6 ladières.	On ne connait pas de différence entre cette quarte et celle de St-Geniez.
Le setier valait 4 coupes, la coupe 4 gètals, le gètal 4 ladières.	11 coupes d'Espalion valaient 10 quartes de Rodez.
Le setier valait 5 coupes, la coupe 4 gètals, le gétal 4 ladières.	L'autre partie de la commune de Lassouts se sert de la mesure de St-Geniez.
Même division qu'à Espalion.	C'est la mesure d'Espalion.
Le setier valait 4 quartes, la quarte 4 boisseaux.	Cette quarte vaut 1/25 de moins que celle d'Espalion.
La quarte valait 4 boisseaux.	C'est la mesure de Conques.
Le setier valait 8 quartes.	C'est la mesure de Laguiole.
Le setier valait 2 émines, l'émine 4 quartes, la quarte 4 boisseaux.	6 quartes font l'hectolitre.
La charretée valait 6 sacs, le sac 8 quartes, la quarte 4 boisseaux.	
Le setier valait 4 quartes, la quarte valait 8 quartons.	25 mesures du Mur-de-Barrez en valent 28 de Laguiole.

TABLEAU DE CONVERSION DES MESURES

Arrondissement de

NOM des CANTONS.	NOM des COMMUNES.	NOM DE l'ancienne mesure.	VALEUR en litres.
			Litres.
St-Beauzély	Montjaux. Le Viala-du-Tarn	quarte.	17, 0
	Verières	Idem.	15, 8
	St-Bauzély. Castelnau	Idem.	15, 0
Campagnac	Tout le canton	Idem.	16, 6
Laissac	Gailhac. Vimenet. Coussergues. Cruéjouls. Buzins	Idem.	16, 6
	Laissac. Palmas. Sévérac-l'Eglise. Bertholène	Idem.	15, 8
Millau	Tout le canton	Idem.	15, 8
Nant	Nant. St-Jean-du-Bruel. Sauclières. La Couvertoirade	Idem.	15, 0
	La Cavalerie. L'Hospitalet	Idem.	16, 6
Peyrelau	Tout le canton	Idem.	15, 8
Salles-Curan	Villefranche-de-Panat	Idem.	18, 0
	Salles-Curan	Idem.	16, 6
Sévérac	Tout le canton	Idem.	16, 2
Vezins	St-Léons	Idem.	16, 6
	Le restant du canton		15, 8

DE CAPACITÉ POUR LES GRAINS.

de Millau.

MULTIPLES ET SUBDIVISIONS.	OBSERVATIONS.
Le setier valait 4 quartes, la quarte 6 boisseaux.	9 setiers de Montjeaux en valent 10 de Millau.
Comme à Millau.	C'est la mesure de Millau.
Le setier valait 4 quartes, la quarte 4 boisseaux.	Cette mesure est de 1/20 plus petite que celle de Millau.
Le setier valait 2 émines, l'émine 2 quartes, la quarte 4 boisseaux.	C'est la mesure de St-Geniez.
Idem.	Idem.
Comme à Millau.	C'est la mesure de Millau.
Le setier valait 4 quartes, la quarte 10 bassines.	Il y avait pour l'avoine une mesure spéciale égale à peu près à celle de St-Affrique, c'est-à-dire valant 19 l, 8.
Le setier valait 4 quartes, la quarte 4 boisseaux.	Cette quarte est de 1/20 moindre que celle de Millau.
Idem.	Les 6 quartes font l'hectolitre.
Idem.	C'est la mesure de Millau.
Idem.	C'est la mesure dite de Peyrebrune.
Idem.	
Le setier valait 4 quartes.	Moyenne entre celle de St-Geniez et celle de Millau.
Le setier valait 4 quartes, la quarte 4 boisseaux.	Il ne paraît pas qu'il existe de différence sensible entre cette quarte et celle de St-Geniez.
Idem.	Comme à Millau.

TABLEAU DE CONVERSION DES MESURES

Arrondissement

NOM des CANTONS.	NOM des COMMUNES.	NOM DE l'ancienne mesure.	VALEUR en litres.
			Litres.
Bozouls	Tout le canton	quarte.	15, 6
Cassagnes	Tout le canton	Idem.	15, 6
Conques	Tout le canton	Idem.	17, 5
Marcillac	Sénéjac Mousset	Idem.	17, 5
	Le restant du canton	Idem.	15, 6
Naucelle	Tout le canton	Idem.	17, 5
Pont-de-Salars	Arques	Idem.	15, 8
	Le restant du canton	Idem.	15, 6
Réquista	La Selve	Idem.	15, 6
	Durenque St-Cirq Ledergues	mesure.	16, 0
	Réquista	Idem.	16, 0
Rignac	Anglars Escandolières Auzits	quarte.	16, 6
	Belcastel Cassagnes-Comtaux St-Christophe	Idem.	15, 6
	Rignac	Idem.	17, 5
Rodez	Tout le canton	Idem.	15, 6
La Salvetat Sauveterre	Les deux cantons	Idem.	17, 5

DE CAPACITÉ POUR LES GRAINS.

de Rodez.

MULTIPLES ET SUBDIVISIONS.	OBSERVATIONS.
La charretée valait 10 setiers, le setier 4 quartes, la quarte 6 boisseaux.	Même mesure qu'à Rodez.
Idem.	Idem.
Le setier valait 4 quartes, la quarte 4 boisseaux.	C'est la mesure du *Comte Ramond*.
Idem.	Comme Conques.
Idem.	Comme Rodez.
Idem.	
Idem.	Comme Millau.
Idem.	Comme Rodez.
Idem.	Comme Rodez. La quarte du temps de la Commanderie valait 22 litres ; le sac valait 6 quartes, la quarte 4 boisseaux, le boisseau 4 punières.
Le sac valait 2 setiers, le setier 4 mesures‘ la mesure 4 boisseaux.	
Le sac ou setier 8 mesures, la mesure 4 boisseaux.	Il y a une petite différence de la mesure de Réquista à la mesure de Rodez.
Le setier valait 4 quartes.	Mesure d'Aubin.
Idem.	Mesure de Rodez.
Idem.	
Le setier valait 4 quartes ou 16 boisseaux.	
Idem.	C'est la mesure de Conques.

TABLEAU DE CONVERSION DES MESURES

Arrondissement

NOM des CANTONS.	NOM des COMMUNES.	NOM DE l'ancienne mesure.	VALEUR en litres.
			Litres.
Aubin	Aubin, Decazeville, Firmi, Cransac, Flanhac, St-Parthem, Viviès	quarte.	16, 6
	Livinhac-le-Haut, St-Santin	Idem.	22, 2
Asprières	Tout le canton	quarton.	18, 5
Montbazens	Tout le canton	quarte.	22, 2
Najac	Najac, Villevayre, St-André, Bor-et-Bar, La Fouillade, Lunac	quarton.	16, 8
	Sanvensa, Montels	quarte.	22, 2
Rieupeyroux	Tout le canton	Idem.	22, 2
Villefranche, Villeneuve	Les deux cantons	Idem.	22, 2

DE CAPACITÉ POUR LES GRAINS.

—

de Villefranche.

MULTIPLES ET SUBDIVISIONS.	OBSERVATIONS.
Le setier valait 4 quartes, la quarte 4 pènes, la pène 4 pénons.	Cette mesure est les 3/4 de celle de Villefranche.
Le setier valait 4 quartes.	
Le setier valait 2 sacs, le sac 4 quartons, le quarton 4 pènes, la pène 4 pénons.	C'est la mesure de Villefranche.
Le setier valait 4 quartes.	C'est la mesure de Villefranche ; toutefois on se sert aussi, dans ce canton, de la mesure d'Aubin, qui vaut 16 l, 6.
Le sac valait 5 quartons, le quarton 4 boisseaux, le boisseau 4 pénons.	
Le setier valait 4 quartes.	C'est la mesure de Villefranche.
Le setier valait 4 quartes, la quarte 4 punières, la punière 4 pauques.	C'est la mesure de Villefranche ; on se sert aussi quelquefois, à Rieupeyroux, de la mesure de Rodez.
Le setier valait 2 émines, l'émine 2 quartes, la quarte 4 punières, la punière 4 pauques.	

MESURES DE CAPACITÉ POUR LES LIQUIDES.

ARRONDISSEMENT DE SAINT-AFFRIQUE.

NOMS DES LOCALITÉS. Vignobles.	Nom des mesures principales.	ÉVALUATION en hectolitres.	SUBDIVISIONS de la mesure principale.
Saint-Affrique...... Vabres.......... Ségonzac.........	pipe.....	4 hect. 98 lit..	la pipe valait 2 barriques.
Camarès..........	pipe.....	Idem.........	la pipe valait 2 barriques.
Saint-Félix....... Versols.......... Lapeyre.........	pipe.....	Idem.........	la pipe valait 2 barriques, la barrique deux charges.
St-Rome-de-Tarn...	pipe.....	4 hect. 65 lit..	la pipe valait 2 barriques, la barrique 4 semaux.
Broquiès......... Le Truel.........	pipe.....	4 hect. 98 lit..	la pipe valait 2 barriques.
Saint-Sernin...... Saint-Izaire.......	pipe.....	Idem.........	la pipe valait 2 barriques.

Observations. — Dans presque tout cet arrondissement, on vend le vin au poids, c'est-à-dire au quintal. Pour avoir la valeur d'un quintal en hectolitres, il suffit de prendre le douzième de la mesure principale, qui était généralement de douze quintaux, excepté à Saint-Rome-de-Tarn.

ARRONDISSEMENT D'ESPALION.

Espalion..........	pipe.....	Jusqu'à Noël, 4 hect. 63 lit.. A partir de Noël 4 hect. 51 lit.	la pipe valait 2 barriques, la barrique 6 setiers.
Villecomtal.......	pipe.....	4 hect. 67 lit..	la pipe valait 2 barriques, la barrique 6 setiers.
Estaing...........	pipe.....	4 hect. 75 lit..	
Entraygues.......	pipe.....	4 hect. 83 lit..	la pipe valait 2 barriques, la barrique 6 setiers, le setier 2 émines.
St-Geniez......... Ste-Eulalie.......	pipe.....	4 hect. 43 lit..	la pipe valait 40 coupes.
Florentin..........	charretée.	Idem.........	la charretée valait 2 barriques, la barrique 6 setiers.

ARRONDISSEMENT DE MILLAU.

NOMS DES LOCALITÉS. Vignobles.	Nom de la mesure principale.	ÉVALUATION en hectolitres.	SUBDIVISIONS de la mesure principale.
Millau..........	muid	2 hect. 92 lit..	le muid valait 4 quartiers, le quartier 4 setiers.
Creissels			
Aguessac.........	muid	3 hect. 84 lit..	Idem.
Compeyre.........			
Paulhe...........			
Compregnac.......	pipe......	4 hect. 31 lit..	la pipe valait 8 semaux.
Peyre............	pipe.....	4 hect. 20 lit..	Idem.
Saint-Georges.....	pipe......	3 hect. 98 lit..	Idem.
Viala-du-Tarn.....	pipe.....	4 hect. 36 lit..	Idem.
Rivière	muid.....	3 hect. 45 lit..	le muid valait 4 quartiers, le quartier 4 setiers.
Mostuéjouls.......			
Montjaux.........	pipe.....	4 hect. 42 lit..	la pipe valait 4 semaux.

ARRONDISSEMENT DE RODEZ.

NOMS DES LOCALITÉS. Vignobles.	Nom de la mesure principale.	ÉVALUATION en hectolitres.	SUBDIVISIONS de la mesure principale.
Marcillac.........	pipe.....	4 hect. 43 lit..	la pipe valait 2 barriques, la barrique 4 semaux.
Salles			
Cougousse			
Cruou			
Valady	pipe.....	4 hect. 51 lit..	Idem.
Clairvaux			
Nuces			
Gradels			
Auzitz..........	pipe.....	4 hect. 67 lit..	Idem.
Cassagnes-Comtaux.			
Escandolières			
Bozouls..........	pipe.....	4 hect. 63 lit..	la pipe valait 2 barriques.
Rodelle	pipe.....	4 hect. 75 lit..	Idem.
Réquista	pipe.....	4 hect. 36 lit..	Idem.
Conques..........	pipe.....	4 hect. 56 lit..	la charretée valait 2 barriques, la barrique 6 setiers.

ARRONDISSEMENT DE VILLEFRANCHE.

NOMS DES LOCALITÉS. Vignobles.	Nom de la mesure principale.	ÉVALUATION en hectolitres.	SUBDIVISIONS de la mesure principale.
Villefranche	pipe.....	4 hect. 40 lit..	la pipe valait 2 barriques, la barrique 5 setiers.
Salles-Courbatiès...	Idem....	Idem........	Idem.
Aubin .... Firmy........... Livinhac-le-Haut... Flagnac.......... Viviès...........	charretée.	4 hect. 50 lit..	la charretée valait 9 setiers ou 9 comportes, le setier ou la comporte valaient 4 coupes.
Villeneuve........	pipe.....	4 hect. 16 lit..	la pipe valait 2 barriques, la barrique valait 4 setiers.
Peyrusse......... Monsalès.........	pipe.....	4 hect. 40 lit..	la pipe valait 2 barriques, la barrique 5 setiers.
Foissac	pipe.....	4 hect. 55 lit..	la pipe valait 2 barriques.
Najac............ Montels.......... Bor-et-Bar	pipe.....	3 hect. 96 lit..	la pipe valait 2 barriques ou 9 setiers.

VALEURS EN KILOGRAMMES DE DIVERS POIDS ANCIENS.

Livre Ruthénoise (245 pour 100 kil.) .... 0 kil. 408
Livre gros poids (livre de 5/4) 0, 510
Livre poids de table de Montpellier 0, 416
Livre de Beaucaire et de Nîmes 0, 413
Livre de Paris, la vraie livre poids de marc, valant les 6/5 de la livre Ruthénoise 0, 490

NOTA. Les livres de Montpellier et de Beaucaire étaient en usage conjointement avec la livre Ruthénoise dans les arrondissemens de Millau et de Saint-Affrique.

Dans la plupart des communes du département, la livre se subdivisait en 16 onces ; dans certaines localités de l'arrondissement de Villefranche, elle se subdivisait en 12. Pour éviter toute erreur, il faut considérer l'once non pas comme une unité de valeur primitive, mais comme une simple subdivision conventionnelle de la livre. Ce sera le 1/16 ; le 1/12 de la livre, suivant la localité. On obtiendra sa valeur en divisant la valeur de la livre par le nombre d'onces qu'elle renferme. — Ainsi :

A Rodez, où la livre se divise en 16 onces, l'once valait, 0 k, 025.

Il y en aurait de 40 à 41 au kilogramme.

A Villeneuve et Aubin, où la livre se divise en 12 onces, elle valait .... 0 k, 034

La valeur 0 k, 51 de la livre gros poids tirée de la livre ruthénoise, nous apprend que cette livre n'est pas parfaitement égale au demi-kilogramme : cependant la supposition de cette égalité a servi de base aux marchés conclus depuis l'établissement du nouveau système. En partant de cette base, il se commet au préjudice de l'acheteur une erreur de deux livres sur cent livres, celui qui accepte 50 kilogrammes pour 100 livres gros poids ne recevant réellement que 98 livres.

L'erreur est plus forte encore pour ceux qui, donnant à leur livre petit poids la valeur de celle de Montpellier ou de Beaucaire, composaient avec elle des livres gros poids de cinq quarts.

Au contraire, la valeur de la vraie livre poids de marc de Paris, qui était en usage dans une partie du département, étant 0 k, 49, il y aurait dans les mêmes circonstances une erreur à peu près égale au préjudice du vendeur.

EXPLICATION DES ABBRÉVIATIONS ADOPTÉES DANS LES TABLEAUX PRÉCÉDENS.

m, mis à la droite d'un chiffre et suivi d'une virgule, signifie *mètre ;* les chiffres qui suivent la virgule sont des parties décimales du mètre, conformément au nouveau système.

a, dans les mêmes circonstances, signifie *are.*

cc, dans les colonnes d'observations des tableaux de superficie, signifie *cannes carrées*, et la lettre p désigne *perche.*

Dans les tableaux pour les mesures de grains, l ou lit., mis à droite d'un chiffre, signifie litre.

Dans les tableaux pour les mesures de liquides, hect. signifie *hectolitre*, et lit. *litres.*

Enfin, k ou kil., dans les tableaux de conversion pour les pieds, signifie *kilogramme.*

Nous, PRÉFET du département de l'Aveyron,

Vu les Tableaux ci-dessus, rédigés, sur notre invitation, par MM. Recoules, d'Estocquois et Rouquayrol, et établissant le rapport qui existe entre les anciens Poids et Mesures dont on se servait dans les différentes communes du département avec les Mesures légales établies par la loi du 18 germinal an III ;

Vu le procès-verbal du Conseil-général, session de 1840, qui vote la somme de 800 francs pour frais de publication de cet ouvrage, reconnu d'une utilité indispensable ;

Considérant que ces Tableaux sont de nature à faciliter l'exécution de la loi du 4 juillet 1837 ;

ARRÊTONS :

Les Tableaux de conversion en mesures métriques des anciens Poids et Mesures du département, rédigés par la Commission que nous avions instituée à cet effet, seront imprimés, avec le rapport qui les précède, par le sieur Ratery, qui en aura la propriété, à la charge seulement par lui de nous en remettre un nombre suffisant d'exemplaires pour les besoins de l'Administration.

En Préfecture, à Rodez, le 18 mars 1841.

Le Préfet du département de l'Aveyron,

L. de GUIZARD.

NOTICE SUR LES MESURES ROMAINES.

Notre ancien système des mesures, comme notre langue, nous venait des divers peuples anciens et principalement des Romains; j'excepte toutefois les anciennes mesures de longueur, perche, dextre, canne et pan, qui ont une physionomie toute indigène. Pour juger de la part que les Romains pourraient revendiquer dans notre ancien système, il suffit d'exposer celui qu'ils suivaient.

MESURES DE LONGUEUR.

Le *pied* valait	0, m 217
La *palme* (1/4 du pied)	0, 054
Le *pouce* (1/12 du pied)	0, 018
Le *doigt* (1/16 du pied)	0, 014
Le *pas* (valant 5 pieds)	1, 085
Le *mille* (valant 1000 pas)	1085

MESURES DE CAPACITÉ POUR LES LIQUIDES.

Le *culeus* valait	517, lit. 00
L'*amphore* (1/20 du culeus)	25, 80
L'*urne* (1/2 de l'amphore)	12, 90
Le *conge* (1/4 de l'urne)	3, 23
Le *setier* (1/6 du conge)	0, 54
L'*émine* (1/2 du setier)	0, 27
La *quarte* (1/4 du setier)	0, 13
L'*acetabulam* (1/2 quarte)	0, 07
Le *cyathus* (2/3 de l'acetabulum)	0, 04
Le *ligule* (1/4 du cyathus)	0, 01

Remarquer la valeur du conge pour se faire une idée de la puissance de ce *Novellius Torquatus*, qu'on surnomma *Tricongius*, pour avoir avalé *d'un seul trait trois conges* de vin, en présence de l'empereur Tibère.

MESURES DE CAPACITÉ POUR LES MATIÈRES SÈCHES.

Le *modius* (muid)	8, lit. 63
Le *setier* (1/16 du modius)	0, 54

Après le setier, se représentaient les mesures de l'article précédent, dans le même ordre et avec la même valeur.

Pour mesurer les superficies, ils avaient le *jugerum*, l'espace de terrain qu'une paire de bœufs peut labourer en un jour; cette mesure était analogue à notre *journal*. Il ne paraît pas que cette mesure eût constamment en tout lieu la même grandeur : celle qu'elle prenait le plus communément équivalait à 25 ares 20 centiares.

L'*arpent*, mot Celte qui signifie *labourage d'un jour*, correspondait parfaitement au *jugerum*.

Les Romains avaient aussi le *modius agri*, le *boisseau de terrain*, l'équivalant de la *sétérée*, ou *setier de champ* ; cette mesure parait avoir eu une grandeur mieux arrêtée que le jugerum ; c'était un carré ayant 120 pieds Romains de côté, et valant par conséquent 6 ares 78 centiares.

Enfin, quant aux poids, ils avaient :

La *livre*, valant	0,kil.	327
L'*once* (1/12 de la livre)	0,	027
Le *silice* (1/4 de l'once)	0,	007
Le *sextule* (1/6 de l'once)	0,	005
Le *scriptule* ou *scrupule* (1/17 de l'once)	0,	001
Le *centumpondium* (le quintal valant 100 livres)	32,	700

Chaque mesure principale, telle que le pied, le jugerum, la livre, prenait le nom d'As, mot qui est resté dans les jeux de cartes modernes.

On voit que chez les Romains l'émine était toujours la moitié du setier, qui se subdivisait aussi en 4 quartes, comme pour les mesures de la plupart des communes du département.

A. R.......L.

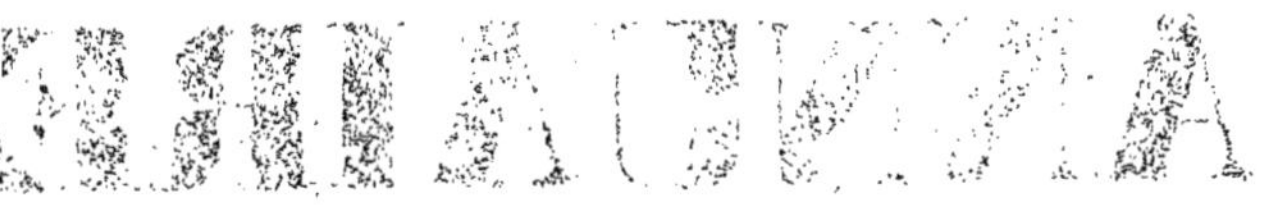

www.ingramcontent.com/pod-product-compliance
Ingram Content Group UK Ltd.
Pitfield, Milton Keynes, MK11 3LW, UK
UKHW020447180726
13839UKWH00004B/1669

9 782019 909413